DE L'IMPORTANCE

DU

CHLORURE DE SODIUM

DU

SULFATE DE SOUDE

ET DU

SULFATE DE MAGNÉSIE

En Hygiène et en Thérapeutique

PAR

J.-L. PLONQUET

Ancien Interne en Médecine et en Chirurgie à l'Hôtel-Dieu de Reims; Médecin du Bureau de Bienfaisance et Médecin-Adjoint de l'Hospice d'Ay; Lauréat (Médaille d'Argent) de l'Académie Impériale de Médecine de Paris; Membre correspondant de la Société d'Agriculture, Commerce, Sciences & Arts de Châlons-sur-Marne, de la Société Académique de Laon & de la Société de Médecine de Gand (Belgique); Membre de la Société Médicale du département de la Marne & du Comice agricole de Reims. — Médailles d'or et d'argent pour la propagation de la Vaccine.

« Les sciences sont l'image du mouvement : les vouloir « stationnaires, c'est les anéantir. »
(*Dict. des Sciences médicales* en 60 vol.)

(Mémoire adressé à la Société d'Agriculture de Châlons, et à la Société de Médecine de Gand en réponse à la neuvième question du Concours de 1858.)

1861

ÉPERNAY. — IMP. V. FIÉVET.

Gand, le 8 avril 1859.

Le Secrétaire de la Société de Médecine de Gand,

A Monsieur J.-L. Plonquet,

Monsieur,

La Société a procédé, dans sa séance du 5 courant, à l'ouverture du billet cacheté qui portait pour devise: *Les Sciences sont l'image du mouvement, les vouloir stationnaires, c'est les anéantir*, billet annexé au mémoire reçu en réponse à la neuvième question du programme ainsi conçu : *De l'importance du chlorure de sodium, du sulfate de soude et du sulfate de magnésie en hygiène et en thérapeutique.*

L'ouverture du billet cacheté ayant fait connaître que vous êtes l'auteur de ce travail, la Société a accordé une mention honorable à ce mémoire et vous a nommé membre correspondant.

Je tiens à votre disposition le diplôme qui constate cette nomination.

Recevez, monsieur et très-honoré confrère, avec mes félicitations, l'expression de ma considération très-distinguée.

A. POELMAN.

LA SOCIÉTÉ DE MÉDECINE DE GAND,

Vu l'article de ses Statuts, & désirant associer à ses travaux M. J.-L. PLONQUET, Médecin à Ay (Marne), l'a proclamé, dans sa séance du 14 juin 1859, Membre correspondant de la Société.

Le Commissaire Président,

JOSEPH GUISLAIN.

Gand, le 14 juin 1859.

Le Secrétaire,

A. POELMAN.

CONSIDÉRATIONS PRÉLIMINAIRES.

« La science a eu ses époques de création et son « avancement a toujours été l'œuvre du génie. Une « science en général se compose de faits isolés et « bien observés, d'un système qui les unit entre eux, « d'un langage qui les exprime, d'un but vers lequel « tendent ces faits et une possibilité d'application. « Sans doute tous ces matériaux sont difficiles à ras- « sembler d'abord; ils se multiplient presque à « l'infini, se fortifient ou bien se détruisent les uns « les autres. (1) »

Depuis que j'habite Ay, la médecine de l'indigent fut une de mes plus constantes préoccupations. Les trois années de mon internat dans l'Hôtel-Dieu de Reims m'avaient déjà familiarisé avec la souffrance du pauvre. Placé dans un centre de population agglomérée (Ay, Mareuil, Avenay, Mutigny, Champillon, Saint-Imoges, Hautvillers, Dizy), malgré l'aisance générale, j'ai pu toucher de bien près la misère. En venant déposer aujourd'hui au sein de l'Académie des Sciences et Arts de Châlons le tribut de quelques observations, ce n'est pas seulement pour répondre à un article du règle-

(1) *Dictionnaire des Sciences médicales* en 60 volumes.

ment qui invite les membres correspondants à faire part de leurs travaux, mais bien pour satisfaire à un de mes désirs, celui d'être utile d'abord. Le sujet de mon mémoire n'est peut-être pas une des questions spéciales dont s'occupe la Société d'Agriculture ; mais tout ce qui tient au bien public n'est-il pas du domaine des sociétés savantes ? N'est-ce pas une de leurs plus nobles attributions, et l'une de celle-ci en particulier dont la devise est *utilité publique ?*

Il en est de la thérapeutique comme des autres sciences qui ont plus spécialement la médecine pour objet : la vouloir stationnaire c'est l'anéantir. Admettre que la thérapeutique n'est susceptible d'aucun progrès, c'est nier son existence. Eh bien ! il se trouve pourtant des hommes assez incrédules pour ne voir dans le traitement des maladies que des moyens enfantés par le charlatanisme dans le but de tromper ceux qui souffrent.

Nous disons au contraire qu'il n'existe aucun moyen thérapeutique sans une action plus ou moins efficace. Les moyens moraux eux-mêmes consolent toujours le malade ; les palliatifs sont là pour le soulager, et les spécifiques le guériraient plus souvent sans son indifférence pour les conseils et l'expérience de l'homme de l'art.

Entre autre exemple, parmi les moyens thérapeutiques qui ont une salutaire influence sur l'homme, nous prendrons l'emploi du chlorure de sodium, du sulfate de soude et du sulfate de magnésie, substances qui sont d'un fréquent usage dans la médecine usuelle, et qui, par leur nature, sont si étroitement unies qu'on trouve toujours la seconde dans la première, soit dans les eaux de la mer, soit à l'état natif dans des mines profondes ou dans le noyau des montagnes qu'elles forment. On ne s'étonnera plus alors de leur similitude et de leurs propriétés communes ou analogues; saveur salée; qualité purgative; solubilité à un assez haut degré dans l'eau chaude ou froide; ingestion facile dans l'économie; puissance conservatrice des substances animales; sécurité dans leur usage même à hautes doses; action irritante sur le tube gastro-intestinal nulle ou de peu de durée; valeur commerciale presque insignifiante; possibilité d'obtenir des quantités énormes de ces produits. Tel est en deux mots le vaste horizon de leur importance en hygiène et en thérapeutique.

Il s'agit d'étudier le chlorure de sodium, le sulfate de soude et le sulfate de magnésie dans leurs rapports avec l'économie domestique, les arts industriels, l'agriculture et la médecine. C'est ainsi que nous avons compris la question formulée dans ces termes :

De l'importance du chlorure de sodium, du sulfate de soude et du sulfate de magnésie en hygiène et en thérapeutique.

Pris isolément, chacun de ces trois sels pourrait faire l'objet d'un mémoire; le premier surtout, considéré dans toutes ses applications, fournit la matière d'un beau chapitre. Nous examinerons donc, après ces considérations d'ensemble, chacun de ces trois produits en particulier.

*

La confiance en soi-même, confiance bien souvent trompeuse, et le langage de la conviction me paraissent si nécessaires dans toute œuvre d'intelligence que je me présente, sans scrupule, devant le public, fermement résolu de mépriser et d'affronter sans crainte les injures de la critique devant la gravité et l'importance du sujet.

CHAPITRE PREMIER.

Du Chlorure de Sodium.

SYNONYMIE. — *Sel commun, sel de cuisine, sel marin, sel de roche, sel gemme. Muriate de soude; hydrochlorate de soude, enfin chlorure de sodium.*

CHIMIE. — « Quoique employé comme assaisonnement dès les premiers âges du monde, ce n'est réellement que depuis le tiers du XVIIIe siècle qu'on a commencé à en bien connaître la nature (1). »

Produit du règne minéral, le chlorure de sodium est un corps très-répandu dans la nature. On le trouve soit en solution dans l'eau, comme celle de la mer et de plusieurs lacs et sources, soit à l'état solide et formant, dans plusieurs contrées, des mines très-abondantes, très-étendues et à des profondeurs diverses; quelquefois il forme le noyau de montagnes.

Il est en cristaux cubiques, incolore quand il est pur, transparent, inodore; d'une saveur salée, agréable, qui est recherchée par tous les animaux. Il est assez soluble dans l'eau et guère

(1) J. Girardin, *Traité de Chimie élémentaire.*

plus à chaud qu'à froid. Il décrépite lorsqu'on le soumet à l'action de la chaleur.

PRÉPARATION. — Le sel marin est obtenu en grand dans les salines, en faisant évaporer les eaux qui en sont chargées, soit spontanément, soit à l'aide de la chaleur artificielle ou de la ventilation. On le purifie au moyen d'une nouvelle solution ou cristallisation (1).

PROPRIÉTÉS. — Le sel marin modifie singulièrement la saveur et le goût des aliments qu'il rend plus sapides; il aide à la digestion. C'est le plus puissant auxiliaire pour la conservation d'une foule de substances, telles que les viandes, les poissons de mer, certaines conserves où le sucre est exclu; c'est en un mot l'assaisonnement le plus vulgaire et le plus indispensable. Le gouvernement français a bien compris que ce produit de première nécessité devait être livré à un prix peu élevé, puisque le pauvre comme le riche en font un égal usage; aussi un de ses premiers actes, sous la République de 1848, fut l'abolition de l'impôt sur le sel. Jamais depuis l'on n'a songé à le rétablir.

Non-seulement le sel a sa place réservée à la cuisine, mais il figure en première ligne sur la table à tous nos repas et n'est enlevé qu'au dessert. Les gelées de viande, le veau froid, la côtelette de porc ou de mouton, l'huître, le melon, les radis et une foule d'autres aliments ne peuvent être savourés sans sel.

Le sel marin est un des moyens employés

(1) Cottereau, *Traité de Pharmacologie*.

pour la conservation des substances animales, telles que la plupart des pièces d'anatomie pathologique qui enrichissent nos musées.

L'addition d'un peu de nitre ordinaire au sel marin présente l'avantage de conserver aux chairs leur couleur rouge naturelle et même de l'aviver. L'addition du sucre brun améliore la saveur des viandes et leur arôme, aussi la saumure faite dans les proportions suivantes, paraît donner de bons résultats.

Sucre brun naturel . . . 1 kilogr.
Sel gris. . . . . 2 kilogr.
Salpêtre (nitre ordinaire) » 500 gr.
Eau . . . . 7 kil. 500 gr. (1).

La saumure ordinaire est une dissolution d'une partie de sel dans deux parties d'eau.

Le sel marin est très-souvent employé chez les animaux pour prévenir la tuberculisation pulmonaire ou comme excitant. On le mélange souvent aux fourrages et plus particulièrement à l'avoine et au foin pour en rendre la digestion plus facile. On fait usage dans le département de Seine-et-Marne d'une poudre qui jouit d'une réputation colossale comme antiphlogistique chez les animaux et qui n'est composée que de sel marin, quinquina, gentiane et oxyde rouge de fer.

Une couche de sel semée sur une épaisseur d'un mètre de foin rentré humide empêche la fermentation, la décomposition et par conséquent l'inflammation spontanée de cette matière

(1) A. Croizier, pharmacien à Reims.

qui occasionne souvent des incendies. Le sel marin est un des agents les plus précieux pour empêcher la maladie des pommes de terre. Jeté sur le sol, il prépare une végétation plus riche dans les plantes qui l'absorbent, comme la potasse, le salpêtre et les autres engrais. Tel est le rôle essentiel que joue le sel marin dans notre alimentation, dans les arts, la médecine vétérinaire et l'agriculture.

En Thérapeutique : le sel marin est d'une importance non moins grande, que sa vulgarité ne devrait pas lui faire perdre.

Usage externe. — Le sel marin est fréquemment employé dans les grands bains tièdes à la dose d'un à 2 kilogr., pour 150 à 160 litres d'eau.

C'est surtout dans les cas de faiblesse des centres nerveux, et principalement dans le ramollissement de la moëlle épinière qui amène la paralysie, que le bain salé est utile; on l'a aussi préconisé dans le rachitisme, le mal vertébral de Pott. Nous donnerons des observations à l'appui de ces assertions.

Le sel marin est aussi administré en lavement comme laxatif ou anthelmintique à la dose de 30 à 60 grammes. En frictions, dans les cas où l'usage de l'eau sédative, dont il fait partie, est reconnu utile. L'eau salée est un remède populaire pour laver les plaies saignantes.

Le sel a été proposé pour remplacer le nitrate d'argent dans les ulcérations de la cornée. On l'emploie en pédiluve comme irritant. Un grand bain dans lequel on fait dissoudre 500 grammes de chlorure de sodium et 500 gr. de carbonate de soude (soude des épiciers), est essentiellement tonique dans certaines débilités et affections rhumatismales ; il est également hygiénique et les personnes qui s'en servent habituellement deux fois par semaine sont rarement exposées aux petites souffrances occasionnées par les variations de température. J'ai pu par expérience en constater les bons effets ; la durée d'un bain de chlorure de sodium et de sel de soude doit être d'une heure.

On emploie également le sel marin sous forme de frictions, soit en dissolution dans l'eau ou mélangé avec des graisses pour détruire les insectes pédiculaires ou l'acarus de la gale. Son effet est moins puissant pour combattre cette dernière affection.

Usage interne. — Parmi les affections internes qui réclament l'usage du sel marin, on comprend la phthisie pulmonaire, les tuberculisations mésentériques chez les enfants, les scrofules et le choléra asiatique. Dans ce dernier cas, il a été employé pour restaurer les qualités salines du sang.

Ainsi, à l'intérieur, le sel marin agit comme fondant et anti-scrofuleux ; il agit également comme vomitif et comme purgatif. Comme fondant, on l'administre à la dose de 0,50 centigr. à 4 gr. ; comme vomitif, il peut être donné à la dose de 8 à 15 gr. ; comme purgatif, on le donne à la dose de 20 à 60 gr., dissous dans une bouteille d'eau; mais il faut rendre le soluté gazeux au moyen de l'acide tartrique et du bicarbonate de soude.

Le lait salé et les viandes rôties fortement salées ont été vantées dans la phthisie pulmonaire. M. Champouillon fait autorité quand il s'agit du régime alimentaire dans la phthisie tuberculeuse. Voici comment il s'exprime à propos du lait au chlorure de sodium prescrit à haute dose par M. A. Latour dans la phthisie :

« Par sa composition, le lait est un aliment complet. Il subvient, en effet, aux besoins de toutes les fonctions; il digère et s'assimile sans accélérer le pouls, sans augmenter la caloricité naturelle, sans stimuler aucun organe, excepté le rein. C'est donc à bon droit que l'on considère le lait comme un aliment adoucissant ; et à ce titre il est parfaitement convenable aux individus nerveux ou sanguins, aux victimes émaciées des passions, des stimulants et de la tuberculisation. On l'a vu souvent corriger l'irritabilité gastrique, ainsi que les intempéries de la fièvre hectique qui accompagne l'évolution tuberculeuse.»

« Le chlorure de sodium ajoute-t-il réellement aux propriétés du lait dans la thérapeutique de la phthisie ? M. Latour l'affirme ; M. Louis en doute. »

« S'il est vrai, comme on a donné à l'entendre, que le sel marin est un dissolvant de la matière tuberculeuse, les habitants du littoral, les soldats et les marins, soumis à l'usage des salaisons, devraient être épargnés par la phthisie ? »

Le sel marin, administré à l'intérieur à la dose de 3 à 5 gr., agit en augmentant l'appétit et en facilitant la digestion, ce qui est important dans le traitement de la phthisie.»

Formule des pilules antiphthisiques
de M. A. Latour.

Sel marin . . . . 10 gr.
Tannin . . . . 10 gr.
Conserve de rose . . . . . qs.
F. S. A. — 100 pilules.

A prendre une pilule toutes les heures pendant un mois. On fait en même temps usage de l'infusion de quinquina, du cresson et d'une alimentation forte.

On sait que l'eau de la mer employée en boisson a une action purgative. Elle doit être prescrite avec beaucoup de prudence et ne convient qu'aux tempéraments lymphatiques. On la recommande dans les engorgements chroniques du foie et la jaunisse (1). Elle agit également bien dans les scrofules.

Le sel marin et le sulfate de soude forment la base de l'eau de mer; c'est pourquoi nous employons quelquefois la formule suivante pour composer un bain d'eau de mer artificielle :

Sel marin. . . . . 4 kilogr.
Sulfate de soude cristallisé. 1750 gr.
Hydrochlorate de chaux. . . 350 gr.
Hydrochlorate de magnésie. 1450 gr.
Eau . . . . 150 litres.

(1) Bouchardat, *Formulaire thérapeutique*.

Les doses de ces substances peuvent être doublées dans 300 litres d'eau.

Les *bains de mer* sont utiles dans la chlorose, dans les engorgements chroniques du col de l'utérus, dans la stérilité, la dysmenorrhée, les gastralgies, dans les cas de douleurs intestinales, dans la chorée ou danse de Saint-Guy et dans certains rhumatismes chroniques.

La saison avancée ne nous ayant pas permis de visiter, par un train de chemin de fer (1), les rivages de la Manche ou de l'Océan, nous empruntons à la nouvelle édition du *Traité des maladies chirurgicales*, du baron Boyer, quelques considérations sur les bains de mer qui diffèrent des bains d'eau stagnante, non-seulement à cause de la composition de l'eau de mer, mais encore à cause du mouvement de cette eau.

« Il y a quatre manières de donner les bains « de mer. La première consiste à présenter tout « le corps à la lame qui vient le frapper et quel- « quefois le submerge. La deuxième consiste à « plonger brusquement une, deux ou trois fois « le corps dans l'eau, ou à s'y jeter brusque- « ment; c'est la méthode par immersion. La « troisième consiste à se faire conduire dans « des boîtes roulantes à claire-voie qui laissent « passer l'eau. Enfin on peut prendre des bains « d'eau de mer dans une baignoire, mais alors « il faut faire chauffer l'eau, autrement l'immo- « bilité dans laquelle on reste pourrait la faire « trouver trop froide. Malgré l'élévation de la « température de l'eau de la mer, les bains doi-

(1) Train de Reims à Dunkerque.

« vent être rangés parmi les bains froids ; aussi « ne faut-il pas que les malades y séjournent « plus d'un quart d'heure, à moins qu'ils ne « soient en mouvement. L'emploi thérapeu- « tique des bains doit être précédé, surtout « chez les individus scrofuleux ou lymphati- « ques, de l'administration intérieure de l'eau « de mer comme purgative à la dose de quel- « ques cuillerées pour les enfants, et de deux à « quatre verres pour les adultes, pris de demi- « heure en demi-heure. Si l'on croit devoir re- « venir à ce médicament intérieur, ce ne sera « que tous les huit ou dix jours. Considéré sous « les rapports hygiénique et thérapeutique, le « bain de mer est tonique et fortifiant ; c'est en « conséquence de ces propriétés qu'il est con- « venable pour la guérison de certaines tumeurs « ganglionnaires. » *(Traité des maladies chirur- « gicales*, t. 1er, page 230*)*.

Usages mixtes. — Depuis dix-neuf ans que nous nous sommes livré à l'étude de la médecine ou à la pratique de cette science, nous avons souvent constaté les bons effets de l'emploi du sel tant à l'extérieur qu'à l'intérieur, dans les maladies signalées plus haut.

Outre les observations détaillées que nous rapportons dans ce mémoire, les faits que nous possédons sont assez nombreux pour conclure que le sel marin doit entrer dans la thérapeutique de la phthisie, des scrofules, des ramollissements cérébral et spinal et des paralysies partielles ou générales qui en sont les conséquences ; dans le traitement du rachitisme, du mal vertébral de Pott, du spina-bifida, de toutes les déviations de la colonne vertébrale en général, de l'arthritis, des tumeurs blanches, des adénites, des engorgements des systèmes lymphatique et glandulaire et des abcès tuberculeux qui en résultent.

Cette nomenclature prouve assez l'importance, comme agent thérapeutique, du chlorure de sodium.

Observations relatives à l'emploi du Chlorure de Sodium comme agent thérapeutique.

Observation 1re. — M. G., âgé de 69 ans, propriétaire cultivateur, d'un tempérament lymphatico-sanguin, fut, pendant les mois de novembre et décembre 1857, forcé de garder le lit, ne pouvant tout au plus rester deux heures par jour levé, les jambes se refusaient à la marche et supportaient difficilement le poids du corps.

M. G. prenait toujours la nourriture ordinaire.

Jusqu'à la fin de mars 1858, les jambes, au dire du malade, reprirent un peu de force, la marche était possible; mais à cause de la saison M. G. n'avait point essayé de reprendre ses travaux des champs, ou du moins il s'y livrait dans une proportion insignifiante, laissant le soin des occupations pénibles à ses fils.

C'est donc à partir des premiers jours d'avril que la maladie dont est atteint M. G. se présente avec des caractères bien tranchés, des symptômes significatifs. Ainsi : douleur sourde et profonde dans toute la région lombaire ; mouvements automatiques des membres inférieurs, et par intervalle incontinence d'urine ;

amaigrissement appréciable : le malade recherche la chaleur; s'il est au lit, ce qui a lieu vingt-deux heures sur vingt-quatre, il veut être fortement couvert; s'il est levé, il lui faut approcher les jambes très près du foyer, encore dit-il qu'il a froid. Il ne se trouve bien qu'au lit. Quand il fait quelques pas, les pieds s'éloignent l'un de l'autre en se portant latéralement en dehors. L'appétit reste prononcé. Ce fut dans ces circonstances que j'ai été appelé près du malade, pour la première fois le 15 avril.

Je prescrivis un topique rubéfiant sur la région lombaire et des frictions avec l'alcool camphré. Alimentation ordinaire.

Deux jours après, je vis les lèvres couvertes d'un *herpès labialis;* chaque jour, vers trois heures de l'après-midi, le malade éprouvait du tremblement, puis un sentiment de chaleur, et dans la première moitié de la nuit le corps se couvrait de sueur; c'était la quatrième fois que M. G. voyait se succéder ces divers symptômes. Nous avions affaire à des accès de fièvre intermittente quotidienne.

Je prescris 0,80 centigr. de sulfate de quinine et de la tisane de petite centaurée.

L'*herpès labialis* disparaît avec les accès de fièvre. Mais l'état que j'ai décrit plus haut ne se modifie point, toujours même difficulté pour marcher, même intensité dans les douleurs du dos et des reins ; froid des extrémités inférieures; persistance de ces divers symptômes jusqu'au commencement de juin, que je soumis M. G. à l'usage des bains de sel marin ; environ 4 kilogrammes pour la quantité d'eau d'un grand bain ordinaire. Après quatre bains, on peut déjà voir le malade partir de chez lui, essayer de se promener; les douleurs lombaires sont moins vives, l'embonpoint reprend son état normal ; en un mot, un mieux être général succède à la maladie que nous avons pensé être un commencement de paralysie (paraplégie).

Ainsi, malgré l'âge du sujet, il reste acquis que le chlorure de sodium est ici, comme agent thérapeutique, d'une efficacité incontestable.

Aujourd'hui 30 juin, nous constatons les mêmes progrès vers une amélioration sensible. L'incontinence d'urine persiste cependant à un faible degré; (cela tient à ce que le malade pouvant sortir de chez lui prend un peu plus de vin et d'alcool que de coutume). (Il faut dire que dans la Champagne, où j'habite, beaucoup de gens affectionnent le vin et le considèrent comme devant ramener les forces perdues. Oui ! pour un instant, et tant que les bornes de la modération ne sont pas dépassées).

Depuis le commencement d'août, les progrès vers la guérison sont sensibles ; M. G. marche facilement et peut faire, plusieurs fois en un jour le tour de la ville d'Ay, lieu de sa résidence.

Nous sommes à l'approche des vendanges, et M. G. espère surveiller la cueillette des raisins. Tel est l'état du malade le 15 septembre.

S'il se présente quelque particularité au sujet de ce malade, nous en ferons mention à la fin de ce mémoire.

Observation 2e. — Schultz (Jules), âgé de 3 ans et demi, d'une constitution des plus lymphatiques. Le petit malade est blond, avec une tête très-volumineuse; des glandes grosses comme des œufs de pigeon siègent sous le maxillaire inférieur; des abcès scrofuleux sur diverses parties du corps, notamment dans le dos, sur la face dorsale des mains et des pieds.

Une déviation très-prononcée de la colonne vertébrale caractérise l'état pathologique de ce jeune malade. Proéminence des apophyses épineuses de la dernière vertèbre dorsale et de la première vertèbre lombaire. A gauche de ces deux os on sent de la fluctuation, sans que cependant les téguments soient amincis; point de rougeur ni de teinte violacée de la peau. L'existence d'un foyer purulent en cet endroit me paraît évident. Le ventre est développé, dur; le malade a le carreau. Les membres inférieurs n'exécutent aucun mouvement et sont atrophiés. La transpiration sur toute la surface du corps est presque nulle.

Une éruption miliaire couvre le dos, les lombes et l'abdomen. Tel est l'état de ce petit malheureux à ma première visite (1er juin 1858).

Prescriptions :

A l'intérieur : sirop d'iodure de fer ; tisane de houblon. Alimentation substantielle (viande rôtie, œufs, vin vieux rouge).

A l'extérieur : teinture iodurée en lotions.

Grand bain tous les trois jours avec suffisante quantité de chlorure de sodium.

Cette médication fut continuée deux mois. Pendant ce temps les abcès des pieds et des mains s'ouvrirent pour laisser des cicatrices peu apparentes; il y eut résorption du foyer de la région lombaire. Le ventre reste volumineux. La marche est possible, l'enfant étant maintenu. L'appétit est bon. Les fonctions de la peau sont rétablies. Ce mieux inappréciable a continué jusqu'au commencement de novembre. Le système glandulaire du cou s'engorgea alors de nouveau ; un volumineux abcès en fut la conséquence; il s'ouvrit sans le secours des topiques ni de l'instrument tranchant. Tout l'organisme ne cessa, à partir de ce moment, de se débiliter jusqu'à la mort arrivée le 25 décembre 1858.

Observation 3me. — Nicolas X., âgé de 14 mois, d'un tempérament lymphatique, est atteint d'une courbure de la colonne vertébrale dont la convexité répond à gauche ; l'enfant ne marche pas encore, et le poids du corps est difficilement supporté par les membres inférieurs.

Je vis ce malade pour la première fois le 25 juillet ; je prescrivis tous les deux jours un grand bain au chlorure de sodium, et à l'intérieur la tisane de houblon, du vin du midi et des bouillons de viande. Plus tard, tous les matins, une cuillerée à bouche d'huile de foie de morue. Après six semaines de ce traitement les membres inférieurs avaient déjà acquis de la force et du volume. Sans que la marche fut encore possible seul, l'enfant pouvait être promené.

Là, il n'en est pas comme de la première observation; nous ne pouvons pas tout-à-fait attribuer la cure à l'action du sel marin, l'âge du malade ne permettant pas toujours la marche à cette époque de la vie. Il est cependant hors de doute que les bains salés ont fortement concouru avec le traitement intérieur, à diminuer le rachitisme et à modifier la constitution lymphatique de cet enfant.

Au moment où je porte, avec raison, bien haut les vertus thérapeutiques du chlorure de sodium, je lis dans le compte-rendu, n° 20, du *Cercle pharmaceutique de la Marne*, une critique de notre ami, M. J. Hanrot, secrétaire de cette compagnie, sur un mémoire de M. Armand Goubaux, professeur à l'Ecole vétérinaire d'Alfort, intitulé : *Du Sel marin et de la Saumure au point de vue toxicologique.*

Convaincu jusqu'à ce jour de l'inocuité du sel marin et de la saumure pris à doses convenables, je reste surpris et comme frappé de la lecture des remarques de M. Hanrot au sujet de ce mémoire, extrait des *Archives générales de médecine.* Il s'exprime ainsi : « C'est une question depuis longtemps controversée que celle de savoir si l'action toxique qui a été reconnue dans diverses circonstances à la saumure, est due au sel marin ou à un principe différent. A la suite d'expériences nombreuses, cette dernière hypothèse avait été admise par quelques expérimentateurs, et l'action toxique attribuée, sans preuve, il est vrai, à un acide gras ou à des cryptogames développés pendant la salaison.

M. Goubaux a repris la question ; il a soumis des animaux (22 chiens et un cheval) à l'action comparée du sel marin et de la saumure, et il conclut :

1° Le sel marin et la saumure qui sont employés pour assaisonner les aliments des animaux domestiques, deviennent des agents toxiques lorsqu'ils sont administrés à des doses trop élevées, qui varient suivant les espèces et suivant les individus ;

2° Leur action sur l'organisme est absolument la même ;

3° La saumure doit ses propriétés toxiques au sel marin qui entre pour une grande proportion dans sa composition.

Nous avons dit que la saumure est composée d'une partie de sel en dissolution dans deux parties d'eau.

Nous sommes entièrement de l'avis de M. Goubaux, et nous pensons que le mélange du sel marin bien pur et de l'eau ne peut donner de la saumure renfermant un principe malfaisant.

M. Hanrot continue en disant : « La question est-elle définitivement résolue comme le pense M. Goubaux ? Nous ne sommes pas compétent pour décider ; nous ne pouvons non plus dire si l'opération d'œsophagotomie qu'ont subie tous les animaux sans exception, et le jeûne prolongé (24 et 48 heures), auquel ils ont été préalablement soumis, sont pour quelque chose dans la production des phénomènes qui ont amené la mort. Nous ne pouvons, en ceci, qu'observer une chose, c'est que la méthode d'expérimentation suivie par M. Goubaux est celle d'Orfila, à qui on a reproché avec raison de tenir trop peu de compte de la nature vivante sur laquelle il opérait, et d'assimiler trop complètement les animaux aux cornues et aux creusets de son laboratoire ; ces reproches seraient si fondés, qu'on irait aujourd'hui, pour ce seul fait, jusqu'à contester à l'illustre toxicologiste la légitimité d'un grand nombre de ses conclusions. »

M. Trousseau pense

« Que la ligature de l'œsophage est suivie d'une manière assez constante de symptômes spéciaux qui, quelqu'en soit la cause, ont un caractère assez sérieux pour qu'on doive en tenir compte dans les études toxicologiques.

« Que la constriction permanente de l'œsophage est mortelle dans les 9|10e des cas.

« Que la durée maximum de la vie a été de six jours chez les sujets mis en expérience.

« Que la ligature de l'œsophage pouvant être

mortelle par exception dans les premières heures qui suivent son application, on doit toujours se préoccuper de cette éventualité dans les expériences toxicologiques.

« Mais ce que nous voulons surtout, dit M. Hanrot, en ce qui concerne le mémoire de M. Goubaux, c'est rapporter une expérience capitale aux yeux de l'auteur, et qui ne nous a pas paru autoriser suffisamment les conclusions qu'il en tire ; la voici :

« Trois décilitres de saumure ancienne (datant de 6 ans), ont été évaporés, et ce résidu, calciné au rouge dans un creuset pendant plus de 2 heures, a été, après refroidissement, redissous dans 3 décilitres d'eau distillée. La solution filtrée fut administrée à un chien qui est mort 2 heures 12 minutes après l'ingestion. M. Goubaux, qui a voulu prouver par cette expérience que la mort n'est pas le résultat d'un empoisonnement par un acide gras ou par une végétation cryptogamique, toute nature organique ayant été détruite par la calcination, en conclut aussi qu'elle est due au chlorure de sodium. Cependant si on réfléchit que la saumure renferme une nature organique, des sulfates alcalins et des azotates, il vient de suite à l'esprit que la calcination d'un pareil mélange a dû donner pour produit, bien certainement, des sulfures alcalins, et très-probablement des cyanures dont l'action toxique est venue s'ajouter à celle du chlorure de sodium. Ce qui confirmerait cette manière de voir, ce sont les convulsions qui ont précédé la mort de l'animal mis en expérience ; c'est sa mort rapide, 2 heures 12 minutes; tandis que des chiens plus jeunes et plus faibles n'ont succombé qu'au bout de 24 heures, après avoir pris un poids équivalent de sel marin. Selon nous, ce serait là la véritable cause de la mort de l'animal, et l'expérience de M. Goubaux ne prouverait absolument rien contre la présence dans la saumure d'un poison organique quelconque; rien non plus par conséquent en faveur de l'action toxique du sel marin.»

La lecture des réflexions de M. Hanrot sur les expériences de M. Goubaux, nous rappelle l'usage continuel que font les charcutiers du sel marin pour conserver le lard et les différentes parties du cochon. La saumure qui provient de la dissolution de ce sel, est utilisée constamment par eux; il est donc important de bien se fixer sur la valeur des observations de M. Hanrot, dans l'intérêt des consommateurs de viandes salées. C'est là une grave question d'hygiène, et quoique nous soyons persuadé que la saumure ne renferme aucun principe toxique, nous ne laisserons rien échapper des idées émises et des efforts tentés par le pharmacien distingué de Reims.

« Pour éclairer autant qu'il était en nous la question soulevée par le mémoire de M. Goubaux, nous avions commencé une série d'expériences, que la difficulté de nous procurer des animaux de forte taille, nous a empêché de continuer. Dans l'hypothèse que le principe vénéneux de la saumure, quand il y existe, est dû à une matière organique, nous aurions, après nous être assuré de la qualité toxique de la saumure employée, fait prendre à une série d'animaux les eaux mères concentrées provenant de l'évaporation de cette saumure à une douce chaleur ou mieux dans le vide, et le sel qui en provient, convenablement lavé, aurait été donné à une autre série. De cette façon, la substance toxique n'aurait pas été altérée, et on aurait pu connaître où résidait le poison. Une chose dont il faut encore tenir compte, c'est l'usage où sont les charcutiers de faire bouillir de temps à autre leur saumure pour lui rendre de la force, comme ils le disent; or, cette ébullition doit détruire ou tout au moins séparer, avec les écumes, les végétations qui auraient pu se développer. Le temps écoulé depuis l'ébullition, importe donc encore à la question. Quant aux animaux, nous leur aurions fait prendre ces différents breuvages mêlés à leurs aliments, sans les tenir à la diète, ni leur pratiquer la moindre opération, au risque de recommencer sous une autre forme, s'ils vomissaient ; et cela pour les laisser autant que possible dans les conditions normales de leur existence. » (Compte-rendu, de 1857, du Cercle pharmaceutique de Reims.)

N'oublions pas une des plus importantes applications du chlorure de sodium en chimie, en médecine et en hygiène ; je veux parler de l'acide chlorhydrique. Le chimiste allemand Glauber fut le premier qui apprit la manière d'extraire cet acide du sel marin, (en latin *muria*, *saumure*). L'acide hydrochlorique reçut, en raison de son origine, les noms d'*esprit de sel*, d'*acide marin*, d'*acide muriatique* (1).

N'ayant point ici à faire l'histoire de cet acide, nous dirons seulement quelques mots de sa préparation qui est une des plus simples des laboratoires. Elle se fait en chauffant légèrement dans un ballon muni d'un tube recourbé, 4 parties de sel marin et 5 parties d'acide sulfurique étendu d'une partie d'eau. On recueille le gaz sous des cloches pleines de mercure, lorsqu'il est complètement absorbé par l'eau, ce qui indique qu'il n'est plus mêlé d'air.

L'acide chlorhydrique est formé de 1/2 volume de chlore et de 1/2 volume d'hydrogène. Il a une telle affinité pour l'eau, que lorsqu'on débouche sous ce liquide un flacon rempli de ce gaz bien pur, l'eau s'élance dans le vase avec une rapidité telle, que l'œil ne peut suivre l'ascension du liquide. L'expérience a démontré qu'à 20°, l'eau dissout les 3/4 de son poids de cet acide, ou autrement, 464 fois son volume. C'est un des gaz les plus solubles. Il est impropre à la combustion.

La glace que l'on met en contact avec lui l'absorbe aussi très-rapidement et se fond avec production de chaleur.

La dissolution saturée de ce gaz marque 26° 1|2 à l'aréomètre de Baumé. On l'appelle *acide hydrochlorique liquide;* il a toutes les propriétés de l'acide gazeux.

C'est sous forme liquide que l'acide hydro-

(1) J. Girardin, *Leçons de Chimie élémentaire.*

chlorique est employé en médecine. Il est alors très-acide, un peu acerbe, caustique, incolore à l'état de pureté, jaunâtre le plus ordinairement; il répand, quand il est concentré et qu'on débouche le flacon, des vapeurs blanches d'une odeur suffoquante.

L'acide muriatique liquide est un des caustiques que l'on emploie le plus communément; l'escharre qu'il détermine est superficielle, et la plaie qui suit la chute de l'escharre se détache rapidement. A l'intérieur, c'est par conséquent un poison irritant énergique (1).

MM. Bretonneau, de Tours, et Ricord, de l'hôpital des vénériens de Paris, ont appelé l'attention sur les utiles propriétés de l'acide chlorhydrique. Le premier l'employait dans les maladies couenneuses des membranes muqueuses pour produire une cautérisation superficielle. Il veut que l'acide soit fumant. Il fait observer qu'il coagule l'albumine qui fait partie du mucus de sécrétion, et qu'il en résulte une espèce de fausse membrane qu'il faut bien se garder de confondre avec celle dont on veut empêcher la formation, la reproduction ou l'extension. C'est cette erreur qui a fait dire que l'acide hydrochlorique propageait l'inflammation couenneuse; c'est encore au moyen de cet acide que M. Bretonneau combat efficacement quelques maladies chroniques et squammeuses de la peau. Ricord en fait une heureuse application au traitement du ptyalisme mercuriel. (2)

(1) Trousseau et Pidoux, *Traité de Thérapeutique et de Matière médicale.*

(2) Trousseau et Pidoux, ouvrage cité.

Dans les ulcères sanieux des amygdales, des gencives, des joues, dans les aphthes, dans le muguet, l'acide hydrochlorique ou pur ou mêlé à moitié de son poids de miel rosat, déterge rapidement la membrane muqueuse. C'est avec le même succès qu'on l'a employé dans la pourriture d'hôpital.

On a conseillé, pour le traitement des engelures, des lotions faites avec un mélange d'acide hydrochlorique et d'eau.

L'acide chlorhydrique est très-usité pour bains de pieds excitants.

Pour préparer *un bain de pieds à l'acide chlorhydrique*, il suffit de verser 100 gr. de cet acide dans quantité suffisante d'eau chaude.

Grand bain acide (F. H. P.).

Acide hydrochlorique . . 1 kilogr.
Eau tiède. . . . . QS.
Mêlez.

A l'intérieur, l'acide hydrochlorique a été conseillé comme antiseptique, ou comme tempérant au même titre que les autres acides.

Décoction d'orge acidulée.

Sirop de sucre. . . . . 100 gr.
Décoction d'orge . . . . . . 1000 gr.
Acide hydrochlorique jusqu'à agréable acidité.
Mêlez. Par tasse dans la journée.

On prépare la *limonade hydrochlorique* en remplaçant la décoction d'orge par de l'eau.

Gargarisme avec l'acide hydrochlorique (RICORD).

Eau distillée de laitue. . . .	200 gr.
Acide hydrochlorique pur. .	1 gr.
Miel rosat.	50 gr.

Pour les affections aphtheuses et la stomatite mercurielle.

M. Ricord préfère aussi dans le ptyalisme mercuriel, et à toutes les périodes, l'acide chlorhydrique fumant, porté sur les gencives et sur la langue, quand celle-ci est ulcérée. Il faut éviter de toucher les dents avec l'acide.

Collutoire détersif.

Miel blanc.	40 gr.
Acide chlorhydrique	10 gr.

Mêlez et agitez chaque fois.

Employé contre le ptyalisme mercuriel, en application sur les gencives, il faut éviter de toucher les dents (1).

La fabrication de l'acide chlorhydrique n'est qu'une partie accessoire d'une opération plus importante, je veux parler de la préparation de la soude artificielle. Les fabriques de soude produisent tant d'acide hydrochlorique, que dans beaucoup de localités, comme à Marseille, par exemple, on ne se donne même pas la peine de le recueillir.

La réaction au moyen de laquelle on produit le gaz hydrochlorique ne présente aucune dif-

(1) Bouchardat, *Formulaire thérapeutique.*

ficulté dans son explication. Sous l'influence de l'acide sulfurique, l'eau du mélange se trouve décomposée, et ses deux principes, en se combinant aux deux composants du sel marin, c'est-à-dire au chlore et au sodium (métal de la soude), donnent naissance à du gaz hydrochlorique et à de l'oxyde de sodium ou soude. Celle-ci s'unit ensuite à l'acide sulfurique et forme alors le sel qu'on appelle *sulfate de soude*.

L'acide hydrochlorique a été également conseillé comme désinfectant, et cela longtemps avant le chlore; Guyton-de-Morveau est le premier qui, en 1773, ait eu l'idée de l'employer en fumigation à la désinfection des caves sépulcrales de l'église cathédrale de Dijon, puis des cachots des prisons de cette ville où régnait une grande mortalité.

315 gr. environ de sel marin un peu humide, 250 gr. d'acide sulfurique lui ont paru suffire dans les hôpitaux pour une salle de vingt lits, spacieuse et élevée. (Mérat et De Lens).

CHAPITRE DEUXIÈME.

Du Sulfate de Soude (**Sulfas sodæ**).

Synonymie. — Sel admirable de Glauber; sel admirable; sulfate de soude.

Le sulfate de soude existe dans les eaux de mers, dans celles de plusieurs sources salées, et dans tous les sels gemmes.

Il cristallise en longs et beaux prismes à six pans et cannelés, incolores, transparents et produisant de brillants effets de lumière. Il est inodore, d'une saveur salée, désagréable et assez amère; très-soluble dans l'eau; très-efflorescent.

Préparation. — On en fabrique des masses énormes en décomposant le sel marin par l'acide sulfurique, pour le convertir ensuite en carbonate de soude, et c'est en faisant dissoudre et cristalliser le sulfate ainsi obtenu, qu'aujourd'hui on prépare tout celui qui est employé en médecine (1).

Tout ce que nous pouvons dire du sulfate de

(1) Cottereau, *Traité de Pharmacologie.*

soude comme agent thérapeutique, peut également s'appliquer au sulfate de magnésie.

Ces deux sels sont les meilleurs purgatifs et les plus fréquemment employés. Leur effet purgatif se manifeste après trois à quatre heures d'administration. Les évacuations alvines sont séro-bilieuses ; elles se succèdent rapidement, et cessent ordinairement après huit à dix heures.

Le sulfate de soude et le sulfate de magnésie, administrés pendant longtemps, ne causent que très-rarement des irritations gastro-intestinales ; cette précieuse propriété permet d'en continuer l'emploi pendant plusieurs jours sans qu'il en résulte aucun danger.

Ces deux sels sont surtout employés dans la fièvre typhoïde, les diarrhées bilieuses, dans les dyssenteries épidémiques, dans les maladies chroniques de la peau, dans les congestions de l'encéphale. On oppose souvent à la *colique de plomb* ou *colique des peintres* le sulfate de soude, le sulfate de magnésie, voire même le chlorure de sodium dissous dans une boisson mucilagineuse. Le remède ou traitement de la Charité contre la colique des peintres résume les divers moyens thérapeutiques dirigés contre cette affection.

On associe le sulfate de soude et le sulfate de magnésie à la plupart des cathartiques ordinaires pour composer les potions connues sous le nom de *médecines*.

Pour administrer ces deux sels, il suffit d'en faire dissoudre 32 grammes dans un litre de *bouillon aux herbes*, qu'on boit dans la matinée.

Je porte souvent la dose de ces deux purgatifs à 15 grammes.

On fait souvent usage d'un suc d'*herbes purgatif*.

Voici sa formule :

Sucs de bourrache et de chicorée. 125 gr.
Sulfate de soude. . . . . 16 »

A prendre en une seule fois le matin à jeun.

Formule du sel de Chelthenham composé.

Sel marin. . . . . 100 gr.
Sulfate de soude . . . . 100 »
Sulfate de magnésie. . . . . 100 »

F. S. A. une poudre employée comme purgative, à la dose de 40 grammes.

Lavement purgatif au sel.

Sulfate de soude . . . . 30 gr.
Décoction de guimauve . . . . . . 500 »

On prescrit quelquefois le double de sulfate de soude.

Le peu de durée de la modification organique imprimée aux sécrétions intestinales et à la membrane muqueuse digestive par le sel de Glauber est d'une grande importance thérapeutique.

Il succède ordinairement à la diarrhée causée par ce sel, une constipation quelquefois opiniâtre qui ne cède qu'après un temps plus ou moins long.

Dans les hôpitaux, l'eau de sedlitz artificielle se prépare avec le sulfate de soude. Il s'administre aussi dissous dans du jus de pruneaux, dans de l'infusion de violettes, ou tout simplement dans de l'eau froide pure.

J'ai purgé les 9 dixièmes de mes clients, dont les maladies ont exigé l'emploi des purgatifs, soit avec le sulfate de soude, soit avec le sulfate de magnésie ; aucun accident n'est résulté de cette règle de conduite de laquelle je n'ai eu qu'à me louer depuis quatorze ans. Jamais, en dehors des épidémies cholériques de 1849 et de 1854, je n'ai perdu un seul malade ayant pris l'un de ces deux sels. Il est bien entendu que dans le choléra asiatique, à moins que le sulfate de soude et le sulfate de magnésie ne soient des spécifiques contre cette affection, la médication n'a pas, comme beaucoup d'autres, toujours eu l'efficacité désirable ; mais toutes les fois que la méthode substitutive était indiquée, nous n'avons pas craint de préférence aux autres purgatifs, d'administrer de 30 à 40 grammes (en trois doses prises à un quart d'heure d'intervalle) de sel admirable ou de sel d'Epsom dissous dans autant de verres d'eau fraîche. Nous avons dû la cessation de la diarrhée à ce moyen, et presque toujours la réaction, secondée par l'usage de l'éther et du chloroforme, le suivait de près.

Sans vouloir rendre exclusive cette méthode purgative (méthode du Dr J. Guyot, de Sillery), nous n'hésitons pas de la conseiller.

Bonnet (épidémie de 1832) donnait déjà dans la diarrhée d'invasion prodromique ou prémonitoire, le sulfate de soude à la dose de

45 grammes (*Dictionnaire de Thérapeutique*, par A. Szerlecki, de Varsovie, t. 1er, p. 126).

Dans son mémoire à l'Académie Impériale de médecine de Paris, sur le traitement du choléra asiatique par le chloroforme, M. le docteur H. Vincent, d'Ay, rapporte, p. 16, l'observation de quatre hommes en proie aux atteintes de l'épidémie. « Refroidissement de tout le corps et surtout de la langue; pouls presque nul; voix éteinte; couleur cyanosée de la face, orbites enfoncés; crampes; suppression des urines. »

Pour chacun de ces quatre individus il prescrivit le traitement suivant :

Sulfate de soude. . . . 50 gr.
Eau froide. . . . . 500 »

A prendre par verres tous les quart d'heure.

Ammoniaque,
Essence de térébenthine, } par parties égales;

Pour frictionner la colonne vertébrale, la poitrine et les membres.

Quelques heures après avoir administré le sel de soude à ces malades, M. Vincent prescrit :

Chloroforme, 40 gouttes dans une demi-tasse d'infusion de tilleul, à prendre en quatre fois de dix minutes en dix minutes;

Glace en morceaux, pour calmer la soif, une heure plus tard;

Chloroforme, 40 gouttes, à prendre en quatre fois.

Du matin au soir l'amélioration était déjà très-prononcée, et la guérison eut lieu dans l'espace de quatre à six jours, excepté chez l'un d'eux qui eut une rechute à laquelle il succomba en 48 heures.

Quand la glace manque, on peut en faire avec le sulfate de soude et l'acide sulfurique étendu d'eau.

Les proportions de la glace artificielle sont :

Sulfate de soude non effleuri en poudre 2,000.

Acide sulfurique à 41° (acide sulfurique 7, eau 5) refroidi . . . 1,500 (1).

(1) Formule de M. A. Croisier, pharmacien à Reims.

CHAPITRE TROISIÈME.

Du Sulfate de Magnésie.

Synonymie. — Sel d'Angleterre, sel d'Epsom, sel d'Agra ou d'Egra, sel de Sedlitz, sel cathartique amer, enfin sulfate de magnésie.

Ce sel existe en petite quantité dans l'eau de la mer, et très-abondamment dans celle de quelques sources : par exemple, celles d'Epsom, de Sedlitz, de Seidschutz, de Pullna ; mais de toutes, c'est l'eau de cette dernière qui en contient la plus forte proportion.

Il cristallise en prismes à quatre pans, quelquefois d'une grande dimension ; mais on ne l'estime dans le commerce qu'autant qu'il est en masses formées de petits prismes aiguillés, blancs, brillants ; il est inodore, d'une saveur amère et désagréable, ce qui, joint à ses propriétés thérapeutiques, l'avait fait nommer par les anciens sel cathartique amer. Il est très-soluble dans l'eau et plus à chaud qu'à froid.

Préparation. — Elle consiste :

1° Ou à faire évaporer jusqu'à point de saturation les eaux des sources qui le tiennent en solution, et à faire cristalliser par refroidissement;

2° Ou à le produire en traitant par l'acide sulfurique certaines roches magnésifères, après les avoir calcinées. Les roches magnésiennes d'Amérique en produisent de grandes quantités, d'une pureté parfaite;

3° Ou enfin, à calciner légèrement et à faire effleurir à l'air un schiste pyriteux magnésifère, à lessiver le produit effleuri, à concentrer les liqueurs, et à les faire cristalliser. Ce dernier procédé donne du sulfate de magnésie qui contient une certaine quantité de sulfate de manganèse.

Les propriétés thérapeutiques du sulfate de magnésie sont les mêmes que celles du sulfate de soude, et peut s'employer dans les mêmes circonstances. Il fait la base des eaux salines purgatives de Sedlitz, de Seidschutz et de Pullna.

Sedlitz (Bohême). Température (15° centig.); par litre, sulfate de magnésie 8 gr.

Eau de Sedlitz artificielle,

Sulfate de magnésie cristallisé.	8 gr.
Eau pure	625 »
Gaz acide carbonique	3 vol.

Faites dissoudre le sulfate de magnésie dans l'eau; chargez d'acide carbonique, et mettez en bouteilles. On peut préparer des eaux de Sedlitz plus chargées de sels; elles contiendront par bouteille 15 gr., 24 gr. ou 32 gr. de sulfate de magnésie cristallisé. Le médecin doit toujours désigner au pharmacien celle dont il prétend faire usage. C'est ordinairement celle à 32 gr. qu'on délivre quand il n'y a pas de prescription spéciale.

Seidschutz (Bohême). Température froide ; sulfate de magnésie, 20 gr. par litre.

Eau de Seidschutz artificielle.

Sulfate de magnésie cristallisé.	13 gr.
Chlorure de calcium	0,4 décig.
Carbonate de chaux.	0,1 »
— de magnésie. . . .	0,2 »
Eau gazeuse à 5 vol.	625 gr.

Pullna (Bohême). Par litre, sulfate de magnésie, 33 gr., sulfate de soude, 21 gr.

Eau de Pullna artificielle.

Sulfate de soude cristallisé. . .	15 gr.
— de magnésie cristallisé.	21 »
Hydrochlorate de chaux. . . .	1 »
— de magnésie. .	3 »
Sel marin.	1 »
Eau gazeuse à 5 vol.	625 »

Dans son service de l'Hôtel-Dieu de Reims, que nous avons suivi pendant cinq années,

M. Décès, chirurgien en chef de cet hôpital, ne prescrit pas d'autre purgatif qu'une bouteille d'eau de Pullna, à prendre par verre, de quart d'heure en quart d'heure.

Tout ce que nous avons dit du sulfate de soude comme agent de substitution, dans la diarrhée qui se lie aux affections gastro-intestinales, peut s'appliquer au sulfate de magnésie dans le traitement de la fièvre typhoïde. Nous n'avons point ici à faire l'historique de cette maladie, ni à décrire ses différentes phases; nous dirons seulement qu'elle est anatomiquement caractérisée par le gonflement et une altération spéciale des follicules intestinaux et des ganglions mésentériques correspondants, que ces lésions sont presque toujours accompagnées d'une diarrhée qui a pendant longtemps fait croire à l'existence d'une simple irritation de l'intestin grêle (d'où la dénomination de fièvre muqueuse souvent usitée pour désigner l'affection typhoïde).

Il nous importe davantage de bien nous fixer sur la médication. Les recherches thérapeutiques de M. Delarroque ont généralement fait adopter la méthode évacuante préconisée dans toutes les formes et à toutes les périodes de la fièvre typhoïde, dans tout son cours, et jusqu'à complète convalescence. Cette méthode consiste à faire prendre tous les jours aux malades une bouteille d'eau de Sedlitz, et de joindre à ce moyen l'usage de boissons douces, de cataplasmes sur le ventre, et des toniques dès que l'état fébrile s'est amendé. En suivant ce traitement, M. Delarroque n'a perdu qu'un dixième de ses malades. Cette méthode, dont on a reconnu les bons effets, et que M. Louis regarde comme supérieure aux autres moyens thérapeutiques, est généralement suivie aujourd'hui par tous les praticiens. Elle possède le double avantage de diminuer la mortalité, d'abréger la durée de la maladie, et de hâter par conséquent le moment de la convalescence.

Voici ce que dit de la méthode purgative, dans le traitement de la fièvre typhoïde, M. Grisolle, que nous avons aussi consulté dans ce qui précède :

« Il est incontestable que nulle autre médica-
« tion ne produit des soulagements aussi mar-
« qués et aussi rapides dans une maladie d'ail-
« leurs contre laquelle la thérapeutique a si peu
« de prise, qu'on a pu dire d'elle, avec juste
« raison, qu'elle était l'opprobre de l'art. »

Il est inutile, devant un tel témoignage, de chercher bien longtemps dans la nosologie pour prouver toute l'importance thérapeutique du sulfate de magnésie. On a aussi conseillé empiriquement l'usage de ce sel dans les épidémies de dyssenterie.

TABLE DES MATIÈRES.

www.ingramcontent.com/pod-product-compliance
Ingram Content Group UK Ltd.
Pitfield, Milton Keynes, MK11 3LW, UK
UKHW021124230726
13926UKWH00002B/637